BEI GRIN MACHT SI
WISSEN BEZAHLT

- Wir veröffentlichen Ihre Hausarbeit,
  Bachelor- und Masterarbeit

- Ihr eigenes eBook und Buch -
  weltweit in allen wichtigen Shops

- Verdienen Sie an jedem Verkauf

Jetzt bei www.GRIN.com hochladen
und kostenlos publizieren

Bibliografische Information der Deutschen Nationalbibliothek:

Die Deutsche Bibliothek verzeichnet diese Publikation in der Deutschen National-
bibliografie; detaillierte bibliografische Daten sind im Internet über http://dnb.d-
nb.de/ abrufbar.

Impressum:

Copyright © 2009 GRIN Verlag, Open Publishing GmbH
Druck und Bindung: Books on Demand GmbH, Norderstedt Germany
ISBN: 9783640659890

Dieses Buch bei GRIN:

http://www.grin.com/de/e-book/153629/alles-ist-zahl

Mario Kulbach

"Alles ist Zahl"

Von der Arithmetik der "frühen" Pythagoreer

GRIN Verlag

Universität Siegen

Fachbereich 6 – Mathematik

Philosophie und Geschichte der Mathematik II

Sommersemester 2009

„Alles ist Zahl!"

- Von der Arithmetik der „frühen" Pythagoreer -

Mario Kulbach

6. Semester

Mathematik und Geschichte LA Gym./Ges.

Inhaltsverzeichnis

1. Einleitung

Der Pythagoreer Philolaos von Kroton, auf den das Zitat „Alles ist Zahl" zurückgeführt wird, beschrieb den Stellenwert der Zahlen für die Welt auch so: *„Und in der Tat hat ja alles, was man erkennen kann, eine Zahl. Denn ohne sie lässt sich nichts erfassen oder erkennen.[1]"* „Alles hat Zahl" bedeutete in der Vorstellung der Pythagoreer, dass sich alles aus Verhältnissen von Natürlichen[2] Zahlen darstellen ließe. Von dieser Aussage abgeleitet lässt sich erahnen, welchen Stellenwert der Zahlbegriff bei den Pythagoreern hatte. Er war das Maß aller Dinge und vor allem göttlichen Ursprungs und daher beschäftigte man sich bei den Pythagoreern intensiv mit Zahlen.

In dieser Arbeit soll es darum gehen, zum einen den hohen Stellenwert des Zahlbegriffs bei den Pythagoreern zu betonen und zum anderen innermathematische Errungenschaften dieses Bundes näher zu beleuchten. An dieser Stelle soll erwähnt werden, dass, wenn man von Mathematik bei den Pythagoreern spricht, das sog. Quadrivium gemeint ist, also die Lehre von Geometrie, Astronomie, Harmonie (Musik) und Arithmetik. Die vorliegende Arbeit bezieht sich lediglich auf den arithmetischen Bereich des Quadriviums und möchte daher die arithmetischen Erkenntnisse der Pythagoreer näher in den Blick nehmen. Außerdem soll der zeitliche Rahmen, in dem die Arithmetik der Pythagoreer betrachtet wird, eingeschränkt werden. Daher wird das Hauptaugenmerk dieser Arbeit auf der Arithmetik des 6.- 4. Jh. v. Chr. liegen. Deshalb sollen die Pythagoreer dieser Zeit als die „frühen" Pythagoreer in Abgrenzung zu den Neu-Pythagoreern der römischen Kaiserzeit bezeichnet werden.

Zunächst wird in einem ersten Abschnitt die Quellenlage bezüglich der Arithmetik der „frühen" Pythagoreer skizziert, bevor in einem zweiten Teil ein historischer Überblick der sog. „Ionischen" oder „Archaischen" Periode griechischer Geschichte gegeben wird. Danach folgt eine Beschreibung des Lebens des Pythagoras und eine kurze Abhandlung über den Bund der „frühen" Pythagoreer. Anschließend soll im Hauptteil dieser Arbeit Auskunft über die arithmetischen Leistungen der „frühen" Pythagoreer gegeben werden, ehe in einem vorletzten Teil das Scheitern der Idee

---

[1] Philolaos in: Diels, Die Fragmente der Vorsokratiker. Berlin 1906.
[2] Natürliche Zahlen im modernen Sinn ($\mathbb{N}$)

von einer Welt, die gänzlich auf den Verhältnissen von Zahlen beruht („arithmetica universalis"), beschrieben wird. Den Abschluss dieser Arbeit bildet ein Fazit.

2. Quellenlage

Die Frage nach den Quellen, auf die man sich im Hinblick auf die Lehre Pythagoras' und dessen Bund stützen möchte, ist so nachvollziehbar wie schwierig. Es soll betont werden, dass sich diese Arbeit mit Pythagoras als Arithmetiker beschäftigt, und daher Quellen benannt werden, die diesem Ansatz dienlich sind. Quellen über philosophische Ansichten wie z.B. der Seelenwanderungslehre des Bundes der Pythagoreer werden kaum Betrachtung finden. Sollten jedoch Quellen, die nicht über Pythagoras oder die Pythagoreer als Mathematiker berichten, von Bedeutung sein, werden sie in den jeweiligen Kapiteln eine separate Erwähnung finden. Außerdem soll lediglich die Arithmetik der „frühen" Pythagoreer, d.h. des 6. – 4. Jh. v. Chr., betrachtet werden. Dies bedeutet, dass z.B. Schriften „späterer" Pythagoreer wie *Iamblichos von Chalkis* (240/245 – 320/325 n. Chr.), *Theon von Smyrna* (gest. nach 132 n. Chr.) oder *Nikomachos von Gerasa* (um 150 n. Chr.) lediglich dazu dienen, Ansichten der „frühen" Pythagoreer zu stützen; diese sollen aber nicht im Hinblick auf ihre eigenen Einsichten im Bezug auf arithmetische Sachverhalte untersucht werden.

Die Schwierigkeiten in der Benennung von aussagekräftigen Quellen liegen darin, dass von *Pythagoras* (600/570(?) – 510 V. Chr.) selber keine Schriften und von bekannten „frühen" Pythagoreern wie *Hipassos von Metapont* (um 500 v. Chr.) oder *Philolaos von Kroton* (470 – 380 v. Chr.) nur Schriften in Fragmenten im Hinblick auf Mathematik überliefert sind. Die mangelnde Überlieferung etwaiger Texte dieser Autoren begründet T. Heath[3] damit, dass sich der Bund der Pythagoreer traditionell der mündlichen Kommunikation bediente. Außerdem, so sagt B.L. v.d. Waerden[4], seien etwaige Schriften lediglich für Mitglieder des Bundes bestimmt gewesen und deshalb nicht nach außen gedrungen. Das Problem, das sich folglich darstellt, ist zu entscheiden, welche mathematischen Errungenschaften auf die Pythagoreer zurück gehen. Schon *Aristoteles* (384 – 322 v. Chr.) konnte diese Frage nicht mit Gewissheit beantworten und schrieb in seinen Werken von den „sogenannten Py-

---

[3] vgl. Heath, Greek Mathematics, S. 66.
[4] vgl. Waerden, Die Pythagoreer.

thagoreern"[5]. Dennoch haben wir gerade *Aristoteles* Quellen zu verdanken, die als erste von mathematischen Studien der Pythagoreer berichten. Daher werden den Werken „Über die Pythagoreer" (leider verloren gegangen) und vor allem der „Metaphysik" einige Informationen zu den arithmetischen Ideen der Pythagoreer zu entnehmen sein. Des Weiteren äußern sich die oben bereits erwähnten *Iamblichos*[6], *Nikomachos*[7] und *Theon*[8] zur Arithmetik der „frühen" Pythagoreer. Eine Sammlung von Texten griechischer Autoren des 5. Jh. v. Chr. gibt z.B. *Johannes Stobaios*[9] (frühes 5. Jh. n. Chr.). Bei ihm tauchen u.a. Texte von Philolaos auf, die in die Fragmentensammlung „Fragmente der Vorsokratiker" von H. Diels[10] eingegangen sind. Weiter vermuten Wissenschaftler[11], dass einige der arithmetischen Lehren der Pythagoreer den Weg in *Euklids* „Elemente" gefunden haben.

3. Historischer Kontext

Der allgemeinen Orientierung dienend, soll im Folgenden kurz der historische Rahmen der sog. „Ionischen Periode" näher beleuchtet werden. Dieser Zeitabschnitt griechischer Geschichte wird zwischen ca. 750 und 450 v. Chr. datiert, obwohl die Einteilung der Geschichte der Mathematik bei den Griechen nicht unumstritten[12] ist. Trotzdem soll diese zeitliche Einordnung für die Arbeit maßgeblich sein. Kennzeichnend für diese Periode war die Entstehung der sog. „poleis"[13], denjenigen griechischen Stadtstaaten, die ab sofort das politische Geschehen Griechenlands maßgeblich prägen sollten. Diese Organisationsform gesellschaftlichen Zusammenlebens war eine völlig neue und unterschied sich grundlegend von den bisher bekannten „Palaststädten" der mykenischen und minoischen Kultur (bis ca. 1200 v. Chr.) und den Siedlungen der „Dark Ages" (ca. 1200 – 700 v. Chr.), die von einem kulturellem Niedergang[14] im Vergleich zur mykenischen Kultur geprägt waren. Eine De-

---

[5] Arist., Metaph., A.5, 985 b 23.
[6] Iamblichos: de vita Pythagoras. und Iamblichos: Iamblichi in Nicomachi arithmeticam introductionem liber.
[7] Nikomachos : Introductio aritmetica.
[8] Theon: Theonis Smyrnaei philosophi Platonici exposito rerum mathematicarum ad legendum Platonem utilium.
[9] Stobaeus: Ioannis Stobaei anthologii libri duo priores, qui inscribi solent eclogae physicae et ethicae.
[10] vgl. Diels, Die Fragmente der Vorsokratiker. Berlin 1906.
[11] vgl. Heath, Greek Mathematics, S. 69.
[12] vgl. Wußing, 6000 Jahre Mathematik, S. 149.
[13] Singular = „polis (πόλις)", Plural = „poleis"
[14] z.B. ging in den „Dark Ages" die Schrift verloren. Erst mit den Werken Homers und Hesiods wurde sie für die abendländische Kultur „wiederentdeckt".

finition der „polis" könnte lauten: *„Die „polis" ist eine in sich geschlossene, souve-räne und autonome soziopolitische Einheit mit einem Volk oder einer nach außen abgeschlossenen Bürgerschaft, mit eigenen Institutionen und Regierungsorganen, einem Mindestmaß fundamentaler Normen und formaler Regeln ihrer Durchsetzung und einer eigenen politisch-ideologischen und religiösen Identität.*[15]" Mit dieser Entwicklung hin zur „polis" war der Nährboden für eine dauerhafte Beschäftigung mit naturwissenschaftlichen Themen um ihrer selbst willen bereitet worden.

Im Rahmen der Entstehung der „polis" kam es zwischen dem 8. und 6. Jh. v. Chr. zur sog. „Griechischen Kolonisation", durch die im gesamten Mittelmeerraum und am Schwarzen Meer griechische „Pflanzstädte" entstanden. Damit war einer Ver-breitung griechischen Kulturguts der Weg bereitet worden. Für diese Arbeit wichti-ge „Pflanzstädte", auch als „apoikiai"[16] bezeichnet, waren z.B. Samos[17], Kroton oder Metapont , für die sich allesamt ein direkter Bezug zu Pythagoras und den Py-thagoreern herstellen lässt.

Mentalitätsgeschichtlich lässt sich in der „Ionischen Periode" eine grundlegende Veränderungen in den Vorstellungen der Menschen ausmachen, wenn es um die Frage nach dem „Warum" im Bezug auf Vorgänge in der Natur geht. So war zu Be-ginn dieser Periode die Idee von göttlichen Eingriffen in das Leben der Menschen allgegenwärtig. Phänomene der Natur wurden mit Hilfe der Götter erklärt und be-schrieben. Ein Beispiel für diese Deutung von Natur gibt Hesiod in seiner „Theogo-nie", also in einer Abhandlung, die die Verwandtschaftsverhältnisse der Götter sys-tematisiert und versucht jedem Naturphänomen das Handeln eines bestimmten Got-tes, eines bestimmten Fabelwesens oder eines Heroen zuzuordnen. Die Frage nach dem „Warum" wird hier also mit göttlichem Zutun begründet. W. Capelle[18] be-schreibt die Denkweisen dieser Zeit sehr treffend:

„Inhalt und Form des Denkens dieser Vorboten der griechischen Philosophie läßt sich etwa folgendermaßen charakterisieren. Die Natur und ihre Erscheinungen, wie Tag und Nacht, der Sternenhimmel, die Erde, das Meer, die Berge, Flüsse und Win-de werden durchgehend noch als persönliche, göttliche Wesen teils männlichen, teils weiblichen Geschlechtes gedacht, die durch Zeugung von anderen göttlichen Personen und durch diese schließlich von allen gemeinsamen Ureltern abstammen.

---

[15] vgl. Gehrke/Schneider: Geschichte der Antike, S. 50.
[16] Singular = „apoikia (ἀποικία)", Plural = „apoikiai"
[17] Auf der heute gleichnamigen Insel vor der kleinasiatischen Küste gelegen.
[18] Capelle W.: Die Vorsokratiker. Fragmente und Quellenberichte übersetzt und eingeleitet von W. Capelle. Stuttgart 1940.

Manche der im Bereich der griechischen Welt wirksame Naturkräfte, wie der gewaltige Ätna mit seinen vulkanischen Erscheinungen, werden auf fabelhafte Ungetüme, wie den Riesen Typhoeus, oder auf Giganten und hundertarmige Unholde zurückgeführt, da man sich auch die gewaltigsten Naturvorgänge, wie Gewitter und Erdbeben, nur von persönlichen, übermächtigen Wesen, d. h. von Göttern, verursacht zu denken vermag. So überwiegt in diesen naiven Vorstellungen [...] das ,Dämonische' in phantastischer, ja oft geradezu grotesker Gestalt [...]"

Dieses Bild ändert sich jedoch in den nächsten 250 Jahren dahingehend, dass Philosophen, in der Literatur als die „Vorsokratiker" bezeichnet, begannen, sich mit dem Wesen der Natur abseits göttlicher Erklärungsmuster zu beschäftigen. Zu ihnen kann man auch die Gruppe der Pythagoreer zählen[19], wobei hier relativierend erwähnt werden muss, dass sich diese Gruppe primär als einen religiösen Bund verstand, der aber durch seine Ansichten im Hinblick auf die Beschaffenheit von Welt und Natur, wobei der Zahlbegriff eine wesentliche Rolle spielte, auch unter dem Deckmantel der Religion wichtige Erkenntnisse für die Beantwortung der Frage nach dem „Warum" lieferte. Mit dem Aufkommen des Bundes der Pythagoreer ist ein erster Schritt in Richtung der Etablierung einer mathematischen Wissenschaft gelungen. Mathematik, d.h. die Beschäftigung mit Arithmetik, Geometrie, Harmonielehre und Astronomie (s.o. Einleitung), entwickelte sich zu einer „freien Lehre" (ἐλευθέρα παιδεία), die um ihrer selbst willen betrieben wurde und nicht zwangsläufig praktischen Nutzen haben musste. Darin sieht O. Becker die „Entdeckung des Geistes für Europa"[20]. Aristoxenos von Tarent (ca. 370 – 300 v. Chr), ein Schüler des Aristoteles, sagte dazu, die Pythagoreer hätten durch die *„Beschäftigung mit Zahlen"* diese *„von ihrer praktischen Anwendung durch die Geschäftsleute befreit"[21]*. Im Übrigen seien die Pythagoreer die ersten gewesen, die sich mit der Wissenschaft Mathematik auseinandergesetzt hätten, und davon ausgingen, dass die Prinzipien dieser Wissenschaft die Prinzipien von allem Existierenden seien, so Aristoteles[22].

Um die Errungenschaften dieses religiösen Bundes besser verstehen zu können, soll es im Folgenden um ihren Begründer Pythagoras und den Orden selber gehen.

---

[19] vgl. Wußing, 6000 Jahre Mathematik, S. 158ff.
[20] vgl. Becker, Grundlagen der Mathematik, S. 22.
[21] Aristoxenos, Über die Arithmetik in: Diels, Die Fragmente der Vorsokratiker. Berlin 1906.
[22] Arist., Metaph., A.5, 985 b 23.

6

4. Pythagoras und der Bund der „frühen" Pythagoreer

An dieser Stelle soll dem Wirken und Streben von Pythagoras in aller Kürze nach-
gegangen werden. Auch hier sind die Quellenaussagen uneinheitlich. Daher muss
man sich erneut mit einer z.t. ungenauen Rekonstruktion des Lebens von Pythagoras zufrieden geben.

Der Überlieferung nach wurde Pythagoras im Jahre 570 v.Chr.[23] auf Samos, einer
kleinen Insel vor der Küste Kleinasiens, geboren. Als sein Vater wird der Handels-
reisende Mnesarchos benannt. Schon seine Geburt wird in die Sphäre des Göttlichen
gerückt. Mnesarchos befragte auf einer Reise nach Syrien das Orakel von Delphi
bezüglich seines Vorhabens. Das Orakel prophezeite ihm eine profitable Reise und,
dass seine Frau ein Kind gebären werde, das an Schönheit und Weisheit alle Menschen überragen werde. Die Orakel wurden durch die Priesterin, der sog. Pythia,
vermittelt. So verwundert es nicht, dass man schon in antiken Überlieferungen von
einem Zusammenhang zwischen Pyth-ia und Pyth-agoras munkelte[24]. Auch von einer Sohnschaft Pythagoras´ von Apollon wurde spekuliert[25]. So wie seine Geburt,
begünstigt durch die Götter, zu einer „Erfolgsgeschichte" wurde, so setzte sich sein
Leben im Folgenden fort. Im Groben lassen sich drei Abschnitte in Pythagoras´ Leben erkennen.

1. Pythagoras auf Samos (s.o. Geburt)

2. Wanderjahre im Orient mit kurzer Rückkehr nach Samos

3. Süditalien (Kroton und Metapont)

Zu Punkt 2 soll nur kurz etwas gesagt werden. Für Griechen der archaischen bzw.
ionischen Zeit war es offenkundig, dass die Menschen im Orient, seien es Ägypter
oder Babylonier, einen erheblichen Vorsprung im Hinblick auf wissenschaftliche
und kulturelle Errungenschaften hatten. So verwundert es kaum, dass sich u.a. auch
Pythagoras vom Orient Inspiration erhoffte. Seine späteren Ideen und seine Lebensführung lassen sich aus diesem 2. Lebensabschnitt begründen. Bei den Ägyptern erhoffte sich Pythagoras die Einführung in lokale Sitten und kulturelle Errungenschaften. Er lernte dort eine sehr harte und dem griechischen Lebensstil konträre Art der
Lebensführung kennen. Diesem ägyptischen Lebensstil gab er nicht nach und wurde

---

[23] Wenn man Aristoxenos von Tarent glauben möchte. Andere, z.B. Eratosthenes von Kyrene (ca.
276 – 194 v. Chr.), datieren dessen Geburt auf um 600 v. Chr.
[24] vgl. Riedweg, Pythagoras, S. 18ff.
[25] vgl. Waerden, Die Pythagoreer, S. 20.

7

somit zum Inbegriff der Tugend und Standhaftigkeit (*kartería*). Er adaptierte diese Art des Zusammenlebens für sich und machte sie zur Grundlage für sein Wirken in Unteritalien. Außerdem soll Pythagoras von den Ägyptern in die Geometrie eingeführt worden sein. Man sagte außerdem, er habe seine Ideen von Arithmetik von den Phöniziern und die Lehren über Astronomie von den Chaldäern erhalten[26]. Damit wären die Ursprünge für drei der vier Teile der Pythagoreischen Mathematik entdeckt.

Die Quellen lassen Pythagoras nach seinem Orientbesuch wieder nach Samos zurückkehren, das er jedoch schnell hinter sich ließ, da er mit der Tyrannis des Polykrates dort nicht einverstanden war[27]. Als Ziel hatte sich Pythagoras die „apoikia" Kroton in Süditalien gewählt. Dort schaffte er es schnell den „Rat der Alten" zu überzeugen, die Bewohner Krotons in seinem Sinne zu unterrichten. So oblag ihm die Aufgabe moralische Ermunterungen (*parainéseis*) an die Männer, Frauen, Kinder und auch an Auswertige, die es wollten, zu richten. So soll in Kroton der Ursprung des Bundes der Pythagoreer liegen. Seine Mitglieder rekrutierten sich aus den Bewohnern dieser Stadt, die den Anweisungen Pythagoras´ hörig folgten[28]. Bei *Iamblichos* klingt dies folgendermaßen:

„*So sehr zog er (Pythagoras) die Aufmerksamkeit aller auf sich, dass er, wie Nikomachos berichtet, mit einem einzigen Vortrag, [...], mehr als zweitausend [Personen] durch seine Worte gewann, so dass sie sich nicht mehr nach Hause entfernten, [...]. Sie nahmen von ihm Gesetze und Vorschriften wie göttliche Unterweisungen an und taten ohne sie gar nichts mehr.*"[29]

Mit diesen Gesetzen und Vorschriften sind m.E. nicht zuletzt die Erkenntnisse über die Lebensführung bei den Ägyptern gemeint, obwohl Pythagoras nicht nur im Hinblick auf eine ordentliche Lebensführung argumentierte, sondern sich auch zu politischen, der Bildung und z.B. der Ehe betreffenden Themen äußerte[30].

Auch um den Tod Pythogoras´ rankten sich Mythen. Es wird davon berichtet, dass Pythagoras aus Kroton fliehen musste, da er bei einem Aristokrat namens Kylon in Ungnade gefallen sei. Er floh nach Metapont und hungerte sich dort im Heiligtum

---

[26] vgl. Riedweg, Pythagoras, S. 20f.
[27] vgl. Waerden, Die Pythagoreer, S. 22.
[28] vgl. Riedweg, Pythagoras, S. 27ff.
[29] Iamblichos: de vita Pythagoras 30, 166.
[30] vgl. Riedweg, Pythagoras, S. 28ff.

der Musen zu Tode. Aber es werden auch andere Geschichten über den Tod des Pythagoras erzählt[31]. Er starb der Überlieferung zu Folge um ca. 500 v. Chr.

Aus seinen Lehren heraus entstand der sog. „Bund der Pythagoreer" in Süditalien. Charakteristisch für diesen war es, dass er sich zu aller erst als religiöse Gemeinschaft verstand, die bestimmte Rituale und Verhaltensmuster (keine bestimmten Tieropfer, Bohnenverbot, Musik als Reinigung der Seele usw.[32]) zu erfüllen hatte. Die Pythagoreer hatten jedoch die Idee, dass Zahlen gottgemachte Dinge seien. Philolaos äußerte sich dementsprechend:

„Groß, allvollendend, allwirkend und göttlichen und himmlischen sowie menschlichen Lebens Urgrund und Führerin, in Gemeinschaft mit allem, ist die Kraft der Zahl und besonders der Zehnzahl. Ohne diese aber ist alles unbegrenzt und unklar und unsichtbar. Denn erkenntnisspendend ist die Natur der Zahl und führend und lehrend für jeden in jedem, das ihm zweifelhaft und unbekannt ist "[33]

Daher lag die Beschäftigung mit diesen göttlichen Gebilden nahe. Erkenntnisse, die den Pythagoreer in arithmetischer Hinsicht gelangen, sollen im folgenden Kapitel näher beschrieben werden.

5. Die Arithmetik der „frühen" Pythagoreer

a. Zahlen und Welt[34]

Pythagoras soll herausgefunden haben (alleine oder durch Mithilfe z.B. der Babylonier), dass sich die Planeten unabhängig durch sich selbst bewegen. Dadurch konnte man den Vorgängen am Himmel mathematische Objekte zuordnen, wie z.B. die Anzahl der Sterne die eine bestimmte Konstellation ausmachten oder die geometrische Figur, die die Konstellation darstellte. In dieser Feststellung liegt der Kern pythagoreischer Lehre im Hinblick auf Mathematik. Wenn schon der Himmel nach Regeln der Zahlen funktioniere, könne es keine anderen Dinge geben, die nicht nach diesen Regeln arbeiteten. Diese Überlegungen führten zwangsläufig zum eingangs erwähnten Zitat von Philolaos. Für die Pythagoreer war alles Zahl. Aristoteles beschreibt den Zusammenhang zwischen Zahl und Welt bzw. Natur wie folgt:

---

[31] vgl. Riedweg, Pythagoras, S. 34ff.
[32] vgl. Riedweg, Pythagoras, S. 37ff und S. 129ff.
[33] Philolaos in: Diels, Die Fragmente der Vorsokratiker. Berlin 1906.
[34] vgl. Heath, Greek Mathematics, S. 67f.

9

„They (die Pythagoreer) thought they found in numbers, more than in fire, earth, or water, many resemblances to things which are and become; thus such and such an attribute of numbers is justice, another is soul and mind, another is opportunity, and so on; again they saw in numbers the attributes and ratios of the musical scales. Since, then, all other things seemed in their whole nature to be assimilated to numbers, while numbers seemed to be the first things in the whole of nature, they supposed the elements of numbers to be the elements of all things, and the whole heaven to be a musical scale and a number."[35]

Aristoteles beschreibt hier sehr eindringlich wie sich die Pythagoreer das Verhältnis zwischen Zahlen und Natur vorstellten. In ihren Augen war alles Zahl, selbst imaginäre Begriffe wie Seele, Geist, Gerechtigkeit usw. funktionierten der Theorie der Pythagoreer folgend nach zahlenmäßigen Gesetzmäßigkeiten. Die Entdeckung, dass besonders einfache Verhältnisse von Zahlen, die angenehmsten Harmonien erzeugten (z.B. 2:1 = Oktave), war der oben beschriebenen Idee von Zahl und Welt mit Sicherheit zuträglich.

b. Definition der Einheit und von Zahlen[36]

An dieser Stelle soll nur kurz die Idee erläutert werden, wie sich die alten Griechen und, in unserem Zusammenhang, die „frühen" Pythagoreer den Aufbau des Zahlensystems vorstellten. Hier liefert uns erneut Aristoteles[37] einen brauchbaren Ansatz. Er beschreibt in seiner Metaphysik, dass die Eins bzw. die Einheit selbst keine Zahl sei, sondern der Beginn oder das Prinzip von Zahlen. Diese Idee könnte pythagoreischen Ursprungs sein, so Heath. Er begründet seine These damit, weil Nikomachos[38], Euklid[39] und Iamblichos[40] diese Vorstellung in ihren Werken ebenfalls verwendeten. Grundlegend war also die Vorstellung, dass die Einheit bei den alten Griechen nicht selber als Zahl gesehen wurde, sondern als Ursprung aller Zahlen. Damit kommt die Frage auf, wie Zahlen als solche definiert wurden. Einen ersten Versuch unternahm Thales[41], der Zahlen als „Sammlung von Einheiten" charakterisierte. Dieser Definition ähnelnd machten die Pythagoreer „Zahlen aus der Einheit

---

[35] Arist., Metaph., A.5, 985 b 27 – 986 a 2.
[36] vgl. Heath, Greek Mathematics, S. 69f.
[37] Arist., Metaph., N.1, 1088 a 6.
[38] Nikom. Introd. arithm.ii. 6. 3, 7. 3.
[39] Euklid, VII, Defs. 1,2.
[40] Iambl. in Nikom. ar. introd., S. 11. 2-10.
[41] Iamblichos: Iamblichi in Nicomachi arithmeticam introductionem liber.

heraus", wie Aristoteles[42] sagte. Diese pythagoreische Definition von Zahlen ist m.E. die logisch Konsequenz daraus, dass sie sich die Einheit als Grundprinzip von Zahlen vorstellten. Aristoteles gibt uns noch mehr Definitionen von Zahlen an die Hand, doch unterscheiden sich diese nicht wesentlich von der oben erwähnten. Festzuhalten bleibt also, dass die Pythagoreer Zahlen derart verstanden, dass diese sich aus der Zusammensetzung von der Einheit heraus bildeten. Mit den Worten der modernen Mathematik gesprochen, akzeptierten die alten Griechen lediglich die Natürlichen Zahlen (außer der Eins = der Einheit) als Zahlen. Die positiven rationalen Zahlen waren für die Griechen keine Zahlen im Sinne der Definition, sondern sie waren Verhältnisse der Natürlichen Zahlen.

c. Einteilung von Zahlen[43]

i. Gerade und ungerade Zahlen

Eine der grundlegendsten Klassifikationen von Zahlen stellt die Einteilung dieser in gerade und ungerade dar. Die Unterscheidung von geraden und ungeraden Zahlen geht auf die antiken Griechen und damit auch auf die „frühen" Pythagoreer zurück. Bis heute hat diese Einteilung der Zahlen einen großen Stellenwert. Wir wollen im Folgenden skizzieren, wie die „frühen" Pythagoreer gerade und ungerade Zahlen beschrieben.

Nach einem Fragment des Philolaos[44] hatten Zahlen zwei besondere Merkmale; entweder seien sie „gerade" oder „ungerade". Außerdem erwähnte er eine dritte Mischform beider Merkmale; diese nannte er folgerichtig „gerade-ungerade". Eine genaue Definition, wann man eine Zahl als „gerade" oder „ungerade" bezeichnete, gab Nikomachos[45]:

„an even number is that which can be divided both into two equal parts and into two unequal parts (except the fundamental dyad which can only be divided into two equal parts) but, however it is divided, must have its two parts of the same kind without part in the other kind; while on odd number is that which, however divided, must in any case fall into two unequal parts, and those parts always belonging to the two different kinds respectively."

---

[42] Arist., Metaph., A.5, 986 a 20.
[43] vgl. Heath, Greek Mathematics, S. 70f.
[44] Stob. Ecl. i. 21. 7ᶜ.
[45] Nikom. i. 7. 4.

Ich möchte diese Definition kurz an einem Beispiel konkretisieren. Nehmen wir einmal an, wir möchten anhand dieser Definition entscheiden, ob die Zahl 8 gerade oder ungerade ist. Die 8 ließe sich zerlegen in 4 + 4 = 8, und hätte damit zwei gleiche Teile. Die 8 ließe sich aber auch als 5 + 3 = 8 schreiben. Damit haben wir zwei ungleiche Teile gefunden. Demnach ist die 8 per Definition gerade. Dabei fällt auf, dass die Zerlegung in 4 + 4 wieder zwei gerade Zahlen hervorbringt, und die Zerlegung 5 + 3 zwei ungerade besitzt. Diese Tatsache verallgemeinert Nikomachos in seiner Definition. Er sagt, dass jede gerade Zahl, egal wie sie geteilt wird, in zwei Teile zerfällt, die entweder gerade oder ungerade sind. Die $8 = 1 + 7 = 2 + 6 = 3 + 5 = 4 + 4 + \ldots$ bestätigt exemplarisch diese These. Die einzige Zahl, bei der dies nicht funktioniere, die aber trotzdem gerade sei, sei die 2 (the dyad). Sie zerfällt lediglich in $2 = 1 + 1$ also in zwei gleiche Teile. Eine Zerlegung in zwei ungleiche Teile existiert jedoch nicht (jedenfalls nicht in ℕ). Demnach wäre sie im Sinne der Definition nicht gerade. Nikomachos nimmt sie jedoch aus der Definition heraus und verleiht ihr damit einen Sonderstatus, nämlich ähnlich wie die Einheit der Beginn von allen Zahlen war, so war die 2 der Ursprung aller „geraden" Zahlen, und deshalb auch keine Zahl im pythagoreischen Sinne.

Ein Beispiel für eine ungerade Zahl ist die 9. Sie lässt sich als $9 = 1 + 8 = 2 + 7 = 3 + 6 = 4 + 5 = 5 + 4 = \ldots$ darstellen. Man kann sie also nur durch Addition von zwei ungleichen Teilen erzeugen, die noch die Eigenschaft haben einmal gerade und einmal ungerade zu sein.

Es fehlt noch die Beschreibung der von Philolaos erwähnten Mischform, den sog. „gerade-ungeraden" Zahlen. Von Zahlen, also im Plural, darf man an dieser Stelle nicht sprechen, denn die einzige „gerade-ungerade" Zahl war die „Einheit" selbst, also die Eins. Aristoteles[46] sagt dazu, dass die Pythagoreer meinten „die Einheit sei von beiden Arten (gerade und ungerade)". Begründet wurde diese Ansicht mit der Idee, dass alle Zahlen, seien es gerade oder ungerade, auf die Einheit zurückzuführen seien. Demnach könne die Einheit selbst nicht entweder gerade oder ungerade sein, müsse also beides sein. Ähnlich verhält es sich mit der 2 (s.o.), die der Ursprung aller geraden Zahlen sei, und deshalb nur gerade sein könne. Eine andere Überlegung liefert Theon von Smyrna[47], der sagt, die Einheit müsse „gerade-

---

[46] Arist., Metaph., A.5, 986 a 19.
[47] Theon von Smyrna, S. 22. 5 – 10.

ungerade" sein, denn addiere man sie zu einer „geraden" Zahl würde diese „ungerade" und umgekehrt.

ii. Primzahlen

Die Einteilung von Zahlen in Primzahlen geht auf Speusippos (ca. 410 v. Chr. - 339 v. Chr.) zurück, der sich in seinen Schriften auf Philolaos stützte. Dort erfahren wir, dass sog. Primzahlen als „geradlinig" beschrieben werden, weil sie lediglich aus einer Dimension bestünden, d.h. das einzige gemeinsame Maß, das eine solche Zahl habe, sei die Zahl selbst und die Einheit. Dies kommt unserer heutigen Definition von Primzahl schon sehr nahe. Diesem Ansatz folgend, kann man Primzahlen auch geometrisch beschreiben. Es sind diejenigen Zahlen, die nur als Geraden darstellbar sind. Im Sinne der Figurierten Zahlen (s.u.) können Primzahlen also z.B. nicht als Rechtecke oder Quadrate dargestellt werden. Zahlen, die man als solche geometrischen Gebilde anordnen kann, sind demnach auf keinen Fall prim. Den einzigen Grenzfall in dieser Definition von Primzahlen bildet die 2. Sie kann auch nur als Gerade dargestellt werde, hat also nur die Einheit und sich selbst als gemeinsames Maß. Dies würde dafür sprechen die 2 als Primzahl zu klassifizieren. Weiter oben haben wir jedoch gesehen, dass die 2 nicht einmal eine Zahl im Sinne der Definition der alten Griechen war, sondern vielmehr die Quelle des Geraden. Dennoch spricht Aristoteles[48] von „der einzigen geraden Zahl, die prim ist". Auch Euklid sieht die 2 als Primzahl. Theon von Smyrna hingegen zählt die 2 nicht zu den Primzahlen. Aus heutiger Sicht hat sich die Annahme von Aristoteles und Euklid durchgesetzt, denn die 2 ist in der modernen Mathematik prim.

iii. „Perfekte" und „Befreundete" Zahlen

Die Definition von „perfekten" Zahlen geht auf Euklid zurück. Für diesen sind „perfekte" Zahlen diejenigen Zahlen, die aus der Summe der Teiler (ohne die Zahl selbst) entstehen. Ein Beispiel für eine „perfekte" Zahl ist $28 = 1 + 2 + 4 + 7 + 14$. Weitere „perfekte" Zahlen sind u.a. 6 und 496. Bei Philolaos, Platon oder Aristoteles finden sich noch keine Anzeichen einer Einteilung der Zahlen in „perfekt" oder „nicht perfekte" Zahlen. Diese Klassifikation von Zahlen wird erst wieder von Theon von Smyrna[49] und Nikomachos[50] aufgenommen, der den Begriff der „perfek-

---

[48] Arist., Topics, 2, 157 a 39.
[49] Theon: Theonis Smyrnaei philosophi Platonici exposito rerum mathematicarum ad legendum Platonem utilium.

ten" Zahl um zwei weitere ergänzt. Diese unterscheiden „über-perfekte", „perfekte" (s.o.) und „unvollkommen" Zahlen. Mit „über-perfekten" Zahlen meinen sie diejenigen Zahlen, deren Summe von Teilern ein Ergebnis liefert, das größer ist als die Zahl selbst; z.B. 12 mit $1 + 2 + 3 + 4 + 6 = 16 > 12$. „Unvollkommene" Zahlen sind bei ihnen diejenigen Zahlen, deren Teilersumme kleiner ist als die Zahl selbst; z.B. 8 mit $1 + 2 + 4 = 7 < 8$. Von Nikomachos weiß man, dass dieser vier „perfekte" Zahlen kannte, nämlich 6, 28, 496 und 8128. Er behauptete, dass die „perfekten" Zahlen eine geordnete Struktur aufwiesen, denn man fände eine „perfekte" Zahl < 10, eine < 100, eine < 1000 usw. Außerdem, so Nikomachos, ende eine „perfekte" Zahl immer alternierend auf 6 und 8. Für die vier „perfekten" Zahlen, die er kannte, funktionierte diese Annahme. Heute wissen wir jedoch, dass seine These nicht korrekt ist.

Die Idee der sog. „befreundeten" Zahlen geht nach Iamblichos[51] auf Pythagoras zurück. Zwei Zahlen nennt man „befreundet", wenn die Summe der Teiler der einen Zahl die andere ergeben und umgekehrt. Als Beispiel seien hier 284 und 220 erwähnt. 284 mit den Teilern T = { 1 , 2 , 4 , 71 , 142 } hat die Teilersumme 220. 220 hat die Teiler T = { 1 , 2 , 4 , 5 , 10 , 11 , 20 , 22 , 44 , 55 , 110}, deren Summe 284 ergibt. Somit sind diese beiden Zahlen „befreundet".

Wie bereits erwähnt, definierten Euklid und die Neupythagoreer Theon und Nikomachos „perfekte" Zahlen im obigen Sinne. Für die „frühen" Pythagoreer war jedoch 10 die „perfekte" Zahl. In ihr sahen die Pythagoreer den Schlüssel zur Verständnis der Weltharmonie. Die 10 wurde als die sog. tetraktys (τετρακτύς), was soviel wie „Vierheit" bedeutete, bezeichnet. Erklären kann man diese Benennung damit, dass sich die 10 aus der Addition von 1, 2, 3 und 4 zusammensetzt. Z.B. konnten durch die Zahlen 1 bis 4 die Verhältnisse der Harmonielehre, entdeckt von den „frühen" Pythagoreern, beschrieben werden; 4:3 (Quarte), 3:2 (Quinte) und 2:1 (Oktave). Außerdem wurden diesen vier Zahlen auch geometrischen Gebilde zugeordnet. Die 1 repräsentierte einen Punkt, 2 eine Gerade, 3 ein Dreieck und 4 eine Pyramide. Im Sinne der „figurierten" Zahlen gesprochen war sie die vierte Dreieckszahl.

Um „figurierte" Zahlen soll es im Speziellen im nächsten Abschnitt gehen.

---

[50] Nikomachos : Introductio aritmetica, i. 16, 1-4.
[51] Iamblichos, In Nicom. S. 35, 1-7.

d. Figurierte Zahlen[52]

Die Idee, Zahlen als Ansammlung von Punkten zu verstehen, geht wohl auf Pythagoras selbst zurück. Dabei stellten die Anzahl der Punkte bestimmte geometrische Gebilde dar; ein Punkt repräsentierte die Einheit, zwei Punkte standen für die 2 und die Strecke, die sie bildeten, drei Punkte für die 3 und die erste Figur in der Ebene (das Dreieck) oder vier Punkte für die 4, die die erste dreidimensionale Figur (die Pyramide) symbolisierte. Die „figurierten" Zahlen, mit denen sich die „frühen" Pythagoreer beschäftigten, hatten vielerlei Erscheinungsformen. Man unterschied geradlinige, vieleckige, ebene und räumliche Zahlen. Im Folgenden soll der Schwerpunkt auf den vieleckigen Zahlen in der Ebene liegen, d.h. vor allem auf den Dreiecks-, Quadrat- und Rechteckszahlen.

i. Dreiecks-Zahlen

Die Entdeckung, dass die Addition der Folge 1, 2, 3, … (also die zugehörige Reihe) mit beliebig vielen Summanden immer eine Dreiecks-Zahl bildet, geht auf Pythagoras zurück. Dies wird umso klarer, wenn man sich diese Situation mit „figurierten" Zahlen vorstellt. Diese Vorstellung liefert folgendes Bild:

Man sieht leicht ein, dass jede hinzukommende Reihe von Punkten dafür sorgt, wieder eine Dreiecks-Zahl zu erhalten.

Der Stellenwert der Dreiecks-Zahlen für die pythagoreischen Lehren, lässt sich an einer Legende über Pythagoras ablesen. Pythagoras stellte jemandem die Aufgabe zu zählen, woraufhin sein Gegenüber dies tat. Bei 4 unterbrach ihn Pythagoras, und ergänzte, dass man nicht mehr brauche als die Zahlen 1 – 4, woraus man die 10 (tetraktys s.o.) und damit das perfekte Dreieck erhalte. Hier haben wir eine unmittelbare Verbindung zwischen „figurierten" (Dreiecks-) Zahlen und den Lehren der Pythago-

---

[52] vgl. Heath, Greek Mathematics, S. 76ff.

reer entdeckt. Damit lässt sich u.a. das besondere Interesse der Pythagoreer an Dreieckszahlen erklären.

ii. Quadrat-Zahlen, der Begriff „gnomon" und Polygonale-Zahlen

Schon Pythagoras kannte die Besonderheiten der Quadrat-Zahlen. Quadrat-Zahlen wurden diejenigen Zahlen genannt, die mit Hilfe von Punkten so angeordnet werden konnten, sodass ein Quadrat entstand. Als Beispiel sei hier die 16 erwähnt. Möchte man von 16 zur nächst höheren Quadrat-Zahl gelangen, so addierte man zwei Reihen von 4 Punkten und einen Punkt, also 2 * 4 + 1 = 9 Punkte. Allgemein lässt sich feststellen, dass man 2n + 1 Punkte, wobei n die Seitenlänge des vorangegangenen Quadrates ist, hinzufügen muss, um die nächste Quadrat-Zahl zu erreichen. Bildlich wird dies im Folgenden klar:

Demzufolge werden immer ungerade Zahlen addiert. Diese kontinuierlich hinzugefügten ungeraden Zahlen nannte man „gnomon". Der Begriff wird in einem Fragment von Philolaos erwähnt, der „gnomon" als diejenige Figur verstand, die übrig bleibe, wenn man ein kleineres Quadrat aus einem größeren herausschneide. Bei Euklid[53] wurde mit dem Begriff „gnomon" nicht das Quadrat verbunden, sondern das Parallelogramm. Nichtsdestotrotz meint „gnomon" auch hier einen Ausschnitt des Parallelogramms. Abschließend gab Heron von Alexandria (ca. 1 Jh. n. Chr.) eine allgemeine Definition, indem er sagte, dass „gnomon" etwas sei, das man zu einer Figur oder einer Zahl hinzufügen könne, sodass etwas entstünde, das ähnlich zu dem sei, was die Ausgangsfigur bzw. –zahl gewesen sei.

Theon von Smyrna[54] benutzte den Begriff „gnomon" im Bezug auf Zahlen. Er schrieb:

„All the successive numbers [im Sinne von kontinuierlich hinzugefügten Zahlen] *which produce triangles or squares or polygons are called gnomons."*

---

[53] Euklid, Buch II, Def.2.
[54] Theon: Theonis Smyrnaei philosophi Platonici exposito rerum mathematicarum ad legendum Platonem utilium.

Wie sehen also die „gnomons" von Polygonen, also n-Ecken, aus? Betrachten wie hierfür zunächst zwei Beispiele:

1) Das 5-Eck

Mit Hilfe der „figurierten" Zahlen sieht das 5-Eck folgendermaßen aus:

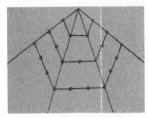

Offensichtlich entstehen demnach die „gnomons" dieser Figur durch Addition von 3 Punkten zum vorangegangenen „gnomon". Die „gnomons" haben also die Anzahl 4, 7, 10, 13 usw.

2) Das 6-Eck

Bildlich kann man sich das 6-Eck folgendermaßen durch „figurierte" Zahlen vorstellen:

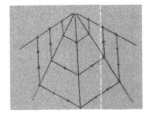

Auch hier erkennt man eine Regelmäßigkeit. Die „gnomons" entstehen durch Addition von 4 Punkten zum vorrangegangenen „gnomon", haben also die Anzahl 5, 9, 13, 17 usw.

Allgemein erkennt man den Zusammenhang, dass die „gnomons" durch Addition von $(n-2)$ Punkten zum vorherigen „gnomon" entstehen. Bei $n = 5$ folgt also $(5-2) = 3$ Punkte und bei $n = 6$ $(6-2) = 4$ Punkte, die hinzugefügt werden müssen.

iii. Rechteck-Zahlen

Die „frühen" Pythagoreer verstanden unter Rechteck-Zahlen, diejenigen Zahlen, die durch die Addition mit den geraden Zahlen ausgehend von 2 entstanden, also $2 + 4 + 6 + 8 + \ldots + 2n$. Die ersten Rechteck-Zahlen sind somit 6, 12, 20 usw. Rechteck-Zahlen konnten ebenfalls als „figurierte" Zahlen dargestellt werden. Dabei war es wichtig, dass sich die Seitenlängen der Rechtecke um die Einheit unterschieden, aber selber nicht die Einheit sein durften. Im modernen Sinn sind dies die Rechtecke mit 2 * 3 = 6, 3 * 4 = 12, 4 * 5 = 20 usw. Punkten als Inhalt. Im antiken Sinn entstanden diese Rechteck-Zahlen durch das kontinuierliche Hinzufügen von „gnomons" (s.o.) mit 4, 6, 8 usw. Punkten.

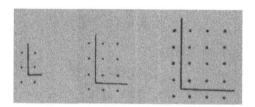

6. Der Zusammenbruch der „arithmetica universalis"

Zur Abrundung einer Arbeit über die Arithmetik der „frühen" Pythagoreer gehört es m.E. dazu, aufzuzeigen, dass das Konstrukt dieses Bundes, nämlich die Allgegenwärtigkeit von Zahlen in bestimmten (ganzzahligen) Verhältnissen, schon zur Zeit dieses Bundes nicht haltbar war. Diese Annahme einer „arithmatica universalis" scheiterte ironischer weise schon im frühesten Stadium des Bundes der Pythagoreer im Zeitraum von 520 – 480 v. Chr.[55] Die Entdeckung des Irrationalen bzw. des Inkommensurablen wird in der modernen Forschung[56] dem „frühen" Pythagoreer Hipassos von Metapont zugeschrieben, der anhand des Pentagramms, dem Erkennungszeichen der Pythagoreer, erfolgreich zeigte, dass bestimmte Strecken nicht durch Verhältnisse von ganzen Zahlen ausgedrückt werden konnten. Antik würde man sagen, dass er Strecken in dieser Figur fand, die kein gemeinsames Maß aufwiesen. Die Existenz der Inkommensurabilität gab es also schon bevor z.B. Philolaos seine Schriften verfasste. Entweder hatte man diese Entdeckung in den knapp 40 – 80 Jahren, die zwischen Hipassos und Philolaos lagen, erfolgreich verdrängt oder erwähnte sie aus gutem Grunde nicht mehr, denn sonst ist eine Aussage wie *„Und in der Tat hat ja alles, was man erkennen kann, eine Zahl. Denn ohne sie lässt sich nichts erfassen oder erkennen.[57] "* von Philolaos mit dem Hintergrund des Wissens über inkommensurable Strecken kaum erklärbar. Die Anerkennung der Inkommensurabilität hätte tatsächlich die „arithmetica universalis" ins Wanken ge-

---

[55] vgl. v.d. Waerden, Pythagoreer, S. 77.
[56] s. z. B. von Fritz, Die Entdeckung der Inkommensurabilität durch Hipassos von Metapont, in: Becker, Geschichte der griechischen Mathematik, S. 271 ff.
[57] Philolaos in: Diels, Die Fragmente der Vorsokratiker. Berlin 1906.

18

bracht, was es unbedingt zu vermeiden galt. Diese Vermutung lassen m.E. jeden-falls die Schriften des Philolaos zu. In diesen Kontext passt ebenfalls, dass sich le-gendenhafte Geschichten um Hipassos von Metapont rankten. Demnach soll Hipas-sos seine Entdeckung veröffentlicht haben, was der Geheimhaltungspflicht der Py-thagoreer widersprochen habe, und soll infolgedessen bei einem Schiffsunglück ums Leben gekommen sein. Iamblichos äußerte sich entsprechend:

„[...] dass alles Unausgesprochene und Unsichtbare sich zu verbergen liebt. Wenn aber eine Seele einer solchen Gestalt des Lebens begegnet und sie zugänglich und offenbar macht, so wird sie in das Meer des Werdens versetzt und von den unsteten Fluten umhergespült. "[58]

Hier ist klar die Tendenz zu erkennen, Hipassos die Entdeckung und vor allem die Veröffentlichung dieser Entdeckung übel zu nehmen und seinen Tod als gerechte Strafe zu deklarieren. Die Tatsache, dass Iamblichos darüber berichtet, bekräftigt in meinen Augen noch, dass man sich schon zu Zeiten der „frühen" Pythagoreer über Hipassos maßlos geärgert hat, wenn selbst im 3./4. nachchristlichen Jahrhundert auf diese Thematik eingegangen wird. Hipassos wird sich mit seiner Entdeckung wohl kaum Freunde gemacht haben, und ob es sich wirklich um eine quasi göttliche Fü-gung handelte, dass Hipassos bei einem Schiffsunfall sein Leben ließ, kann zumin-dest stark bezweifelt werden.

Der Beweis zur Entdeckung der Inkommensurabilität soll im Folgenden kurz skiz-ziert werden:

Wie schon erwähnt, machte Hipassos seine Entdeckung am Pentagramm. Dort zeichnete er sämtliche Diagonalen ein. Die Methode der Wechselwegnahme, mit der man das gemeinsame Maß zweier Strecken bestimmen konnte, und die z.B. beim sog. Euklidischen Algorithmus zur Berechnung des ggT's zweier Zahlen eine Rolle spielt, kannten die „frühen" Pythagoreer. Über diese Methode argumentierte Hipas-sos. Er zeigte, dass man durch Wechselwegnahme kein gemeinsames Maß zwischen der Seite und der Diagonalen des Pentagramms finden könne, da sich durch Weg-nahme der Seite von der Diagonalen immer ein weiteres kleineres Pentagramm in dieses Figur finden lasse, auf das man wieder die Wechselwegnahme anwenden müsste. Dies müsste man ad infinitum fortsetzen. Demnach hätten die Seite und die Diagonale des Pentagramms kein gemeinsames Maß, und seien daher inkommensu-

---

[58] Iamblichos: de vita Pythagoras, 88, 246-247.

rabel, also nur durch reelle Zahlenverhältnisse beschreibbar. Bildlich kann man sich diese wie folgt vorstellen[59]:

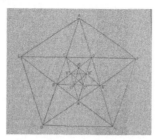

7. Fazit

Es ist augenscheinlich, dass die moderne Mathematik durch die arithmetischen Errungenschaften der „frühen" Pythagoreer klar beeinflusst worden ist. Nicht nur die Einteilung in gerade und ungerade Zahlen, sondern auch die Beschreibung von Primzahlen spielen in der modernen Zahlentheorie und vielen anderen mathematischen Disziplinen eine herausragende Rolle. Darüber hinaus darf die Bedeutung der „figurierten" Zahlen z.B. für den heutigen schulischen Kontext nicht vernachlässigt werden. Hier besteht die Möglichkeit des Brückenschlages zwischen Arithmetik, d.h. dem Verständnis von Zahleigenschaften (u.a. Teilbarkeitsregeln, Wurzel ziehen, Verständnis von Primzahlen usw.), auf der einen, und Geometrie, d.h. z.B. Flächeninhalte als Punkte im Innern von Rechtecken, Quadraten usw. verstehen, auf der anderen Seite. Auch die Entdeckung der Inkommensurabilität, die bei den „frühen" Pythagoreern zwar aus ideologischen Gründen nicht gewünscht war, sich für uns heute aber als Glücksgriff herausstellt, da sie den Vorläufer unserer heutigen reellen Zahlen bildete und damit auch zur Begründung der Infinitesimalrechnung erheblich beitrug, muss als herausragende Leistung der Pythagoreer beschrieben werden.

Demnach kann man die Entdeckungen der „frühen" Pythagoreer gar nicht genug würdigen, wenn man sich vor Augen führt, dass Mathematik als eigenständige geistige Tätigkeit, in Europa zuerst in diesem Bund betrieben wurde, und man schon zu Beginn dieser Wissenschaft Erkenntnisse gewann, die über 2500 Jahre später noch relevant sind. In meinen Augen geht gerade von dieser Tatsache eine enorme Faszi-

---

[59] von Fritz, Die Entdeckung der Inkommensurabilität durch Hipassos von Metapont, in: Becker, Geschichte der griechischen Mathematik, S. 295 ff.

nationskraft an diesem Thema aus, gerade wenn man historisch und mathematisch interessiert ist.

Bezugnehmend auf das einleitende Zitat von Philolaos bleibt zu sagen, dass zwar im pythagoreischen Sinne nicht „Alles Zahl" ist, was man in der Welt, der Natur oder dem Kosmos antrifft, doch hat die Idee, anzunehmen, dass man „Alles" durch Zahlen ausdrücken könne, dazu geführt, eine moderne mathematische Wissenschaft zu etablieren, die es geschafft hat, mit ihren Symbolen, Zeichen, Formeln, Sätzen, Definitionen usw. ein fast exaktes Abbild der Welt, der Natur oder des Kosmos zu geben. Die moderne Mathematik, die wir heute kennen, hat das Erbe der „frühen" Pythagoreer angetreten. Die Anhänger des Bundes der Pythagoreer würden sich durch heutige mathematische Erkenntnisse bestätigt fühlen, denn irgendwie ist doch „Alles Zahl", auch wenn man dafür ganze, reelle und komplexe Zahlen als berechtigte mathematische Konstruktionen akzeptieren muss.

8. Literatur

- **Bauer W.**: Der ältere Pythagoreismus. Bern 1897.
- **Becker O. und Hofmann E.**: Geschichte der Mathematik. Bonn 1951.
- **Becker O.**: Zur Geschichte der griechischen Mathematik. Darmstadt 1965.
- **Becker O.**: Grundlagen der Mathematik. In geschichtlicher Entwicklung. Freiburg 1964.
- **Gericke H.**: Geschichte des Zahlbegriffs. Mannheim 1970.
- **Gehrke H.-J. und Schneider H.**: Geschichte der Antike. Ein Studienbuch. Weimar 2006.
- **Heath T.**: A History of Greek Mathematics. From Thales to Euclid. New York 1981.
- **Meschkowski H.**: Problemgeschichte der Mathematik I. Berlin 1979.
- **Riedweg C.**, Pythagoras. Leben – Lehre – Nachwirkung. München 2002.
- **Struik D.**: Abriß der Geschichte der Mathematik. Berlin 1980.
- **van der Waerden B.L.**: Die Pythagoreer. Religiöse Bruderschaft und Schule der Wissenschaft. Zürich/München 1979.
- **Wußing H.**: 6000 Jahre Mathematik. Eine kulturgeschichtliche Zeitreise. 1. Von den Anfängen bis Leibniz und Newton. Heidelberg 2008.
- **Wußing H.**: Biographien bedeutender Mathematiker. Köln 1978.
- **Wußing H.**: Vorlesungen zur Geschichte der Mathematik. In: Engel W., Brehmer S., Schneider M., Wußing H. (Hrsg.), Mathematik für Lehrer, Bd. 13, Berlin 1979.